Le cerveau

Qu'est-ce que ça change ?

Collection dirigée par Carole Widmaier

Aller à l'essentiel sans s'embourber dans l'abstraction, penser sans tourner en rond, avec une ligne de départ et une ligne d'arrivée, un avant et un après : voilà l'expérience de lecture proposée par la collection *Qu'est-ce que ça change ?*

Tenant compte à la fois de la crise de la disponibilité, de la défiance à l'égard des intellectuel.le.s et de la belle persistance à vouloir penser par soi-même et avec d'autres, *Qu'est-ce que ça change ?* propose des petits livres solides, appétissants, accessibles et originaux portés par des auteur.e.s habiles, incarné.e.s, soucieuses et soucieux de partage et de transformation.

Alexis Jenni, *Le cerveau*, 2023
Carole Widmaier, *La promesse*, 2023
François Ansermet, *L'origine*, 2023

Alexis Jenni

Le cerveau

Qu'est-ce que ça change ?

LABOR ET FIDES

Les Éditions Labor et Fides
ont bénéficié d'une bourse d'aide à un projet d'édition
du Département de la cohésion sociale de la République
et canton de Genève pour la création de la collection
Qu'est-ce que ça change ?

*Les Éditions Labor et Fides sont subventionnées
par la République et canton de Genève,
et bénéficient d'un soutien structurel
de l'Office fédéral de la culture pour les années 2021-2024.*

ISBN 978-2-8309-1831-1

1, rue Beauregard, CH – 1204 Genève
Tél. +41 (0)22 311 32 69
Fax +41 (0)22 781 30 51
E-mail : contact@laboretfides.com
Site Internet : www.laboretfides.com

À toute la chaîne soignante de la ville de Libourne, du pompier au neurologue, qui m'ont permis de ne pas perdre la tête.

PENDANT QUELQUES JOURS J'AI ÉTÉ PERSONNAGE D'UN ROMAN DE PHILIP K. DICK, et je peux vous dire que ça secoue. J'aurais préféré être ailleurs, même dans un roman de Houellebecq, ce qui n'est pas très exaltant bien sûr, mais par le réalisme pointilleux qui est sa façon, son univers reste normalement humain, dans les règles habituelles du fonctionnement du monde, on reconnaît tout et c'est là son succès ; mais on ne choisit pas sa destination dans ce genre de casting. Mon cerveau a décidé ; enfin, il s'est embarqué là-dedans, sans rien demander à personne, en proie à sa mécanique interne dont je ne sais pas exactement les rouages, emporté par leur rotation folle. Moi ? Je suivais. Quoi d'autre à faire ?

Ah si, je restais lucide, et j'eus conscience de ce que je vivais, plus ou moins tout le long de l'histoire.

Tout a commencé le plus normalement du monde, comme tout commence en ce monde, et même le monde lui-même : par un éveil. C'est après que ça s'est gâté, comme d'habitude. Mes yeux se sont ouverts. Les lumières de la rue baignaient la chambre d'une lueur immobile d'un bleu métallique, estompée par le rideau tiré. Je distinguais les oreilles redressées du chat qui se découpaient en contre semi-jour, il savait instinctivement les heures, il avait lui aussi ouvert les yeux et relevé la tête, il attendait que je bouge le premier. J'avais dormi seul cette nuit-là, N. était déjà partie depuis deux bonnes heures pour prendre ce train qui passe le matin très tôt à la gare et file à grande vitesse jusqu'à la capitale. Quand elle part si tôt, il m'arrive de dormir dans la chambre à côté pour ne pas ajouter une présence agitée supplémentaire à cette inquiétude de ne pas se réveiller à temps, qui déjà empêche de dormir. Le chat, comme d'habitude, fait ce qu'il veut, et comme N. était partie, il était venu finir la nuit sur le seul lit encore chaud de la maison, tout contre moi. J'ai donc ouvert les yeux, il y avait de la lumière, j'ai vu que cela était bon, et j'ai envisagé de me lever. Premier jour. Je devais prendre aussi un train, dans une autre direction, pour parler le soir en public, c'est souvent ça mon métier, de longs trajets et des soirées dans des librairies ou des salons pour parler à des gens venus m'entendre.

C'est là que tout s'est gâté, puisque le lit, ce lit où j'avais dormi paisiblement, avait été, probablement, maléfiquement refait à un moment de la nuit, sans que je le remarque, et on l'avait garni à mon insu, et à ma surprise du matin, de couvertures dérapantes. Oui, cela existe sans doute, puisque l'antidérapant est une sensation familière de certaines matières, on peut donc imaginer l'inverse, le dérapant, une matière où rien n'accrocherait, rien ne tiendrait, où tout glisserait, un téflon textile en quelque sorte, et on en ferait des couvertures, des draps, des housses de couette. Pour quel usage ? Lutter contre la grasse matinée, sans doute, ou le retard au travail, sa diffusion serait encouragée par le syndicat patronal. C'était une étrange sensation, d'être dans son lit, de ne pouvoir se retenir à rien, et de glisser à l'horizontale ; être expulsé de son lit par son lit même, sans sentir qu'il penche, c'était une étrange expérience d'animisme malveillant.

J'avais un jour résumé tous mes romans en une formule simple : un type sort de chez lui et ça tourne mal. Et voilà, ça m'arrivait dans le réel ; à force de raconter des choses horribles… je tâchais de me lever et ça tournait mal. Normal, c'est sans doute un ressort universel de la vie, un tropisme cosmique, je me réveillai et, à partir de là cela n'allait plus bien du tout, c'était le destin du monde ou alors c'est la conscience qu'on en a, la conscience humaine, qui une fois allumée perçoit surtout la chute.

Nous en étions donc là. Couché à l'horizontale, les yeux ouverts, me débattant dans cette matière de cauchemar qui agissait comme des sables mouvants inversés : plus je m'agitais, plus j'en étais, non pas englouti, mais expulsé. Le chat, qui déteste par principe les mouvements incohérents dans son voisinage immédiat, encore plus sous cette couette où il était venu tranquillement finir sa nuit, avait filé d'un bond, et disparu.

Cela finit comme on s'y attend : je fus comme recraché par mon lit dérapant, le plancher de ma chambre ne me soutint pas davantage, je basculais, mais à la manière d'un cosmonaute en sortie extravéhiculaire, sans orientation privilégiée, sans même avoir le sentiment d'un axe vertical que je n'arriverais pas à tenir, en tournoyant sur moi-même comme une boule de papier froissé en apesanteur, comme en orbite autour de mon vaisseau-lit, et j'allais m'écraser la joue contre la porte de l'armoire à vêtements qui jusque-là paisiblement bordait ma couche, mais qui ce matin se trouvait en travers de mon chemin. Je n'étais pas très sûr de comment étaient disposés le haut et le bas, les points cardinaux et la pénombre ambiante ne m'aidaient pas. Je cherchais à tâtons mon téléphone pour savoir l'heure, j'avais quand même un train à prendre ; je sentis sa présence, et un bruit sec, bloc de verre contre plancher dur, qui m'avertit que je l'avais trouvé, et qu'il m'avait aussitôt échappé. Il faudra un jour parler de cette malveillance des objets, toujours à échapper à l'intention et aux gestes, toujours à se placer dans une logique de fuite ou d'affrontement, précisément aux moments où fiévreusement on a besoin d'eux. Ils agacent à la fin, ces êtres sans conscience qui devraient seulement servir. Une enquête devrait déterminer s'ils ne sont pas au moins dotés d'une sous-conscience, intrinsèquement mauvaise. Ne parle-t-on pas de téléphone intelligent ? Et l'intelligence ne commence-t-elle pas avec la malveillance, la rivalité et l'envie ? À voir. Mais d'abord, se lever.

Tâtonnant des quatre membres, je parvins à établir une horizontale permanente, un plancher stable sur lequel le monde serait bâti, la lumière venue d'en bas indiquait une direction, cela ressemblait à cette chambre à l'étage où j'avais dormi. Je me mis debout, fis quelques pas, je me cognais de l'épaule gauche aux placards, chambranles et cloisons que je ne voyais pas venir, mais ces rudes appuis me guidaient. Depuis un moment, j'avais une conscience très précise du palier sur lequel s'ouvrait cette chambre, d'où partait l'escalier assez raide qui le reliait au rez-de-chaussée, et je visualisais très précisément la rambarde, la rampe trop basse, et le carrelage tout en bas. J'avais l'angoisse très prégnante de basculer par-dessus la rambarde et de m'écraser au sol, angoisse alimentée et amplifiée par l'image extraordinairement précise et détaillée des lieux, image tout intérieure puisque j'étais encore dans la chambre et que tout était noyé dans la pénombre. Mais l'image extra lucide s'imposait et revenait comme dans un clignotement psychique, dans un rythme de gyrophare. Quand j'y fus, la rampe était à droite, je l'empoignais fermement et descendis les marches sans encombre ni difficultés. Je me suis demandé pourquoi mon esprit avait fait cette dépense, finalement excessive, d'une telle richesse de détails et d'émotions dans l'image et le film des événements, et avec tant de répétitions. L'énergie psychique, ce n'est quand même pas gratuit. Une telle dépense doit bien avoir une raison.

Mon téléphone me donna l'heure, je pouvais encore prendre le train, il s'agissait en fait de plusieurs trains, un jusqu'à Paris, deux métros pour changer de gare, un jusqu'à Lyon, un millier de kilomètres quoi, une paille, j'en avais l'habitude, depuis des années je prenais les trains comme on prend le bus, sans y penser. J'avais le temps. Je me fis un café, changeant le filtre plein de la veille avec précaution, le tenant des deux mains. En esprit je le voyais tomber et rien n'est plus pénible à ramasser que le marc de café, cette poudre fine et collante qui se répand partout si elle tombe. Heureusement elle ne tomba pas mais chacun de mes gestes avait été lent et pensé, et j'arrivais, bien qu'avec peine, à surmonter les représentations de chute qui m'envahissaient avec un beau réalisme, aussi nets que des projets d'action. Ce fut fait ; à deux mains. Mais mon téléphone échappa à nouveau, l'écran bien à plat sur le carrelage. J'eus un peu de mal à le localiser, camouflé qu'il était parmi les motifs noirs et blancs des carreaux du sol. Je le voyais, puis pas, il changeait de place au fur et à mesure de mes investigations, comme un canon Caesar dans la plaine ukrainienne, rendu sub-invisible par son filet de camouflage et ses prompts déplacements.

Quand enfin je l'identifiais et le retournais, des éclaboussures d'un beau violet cardinalice envahissaient la bordure gauche de l'écran et semblaient se répandre sur toute sa surface. On aurait cru qu'il s'était douloureusement cogné, et qu'il saignait.

L'heure ça allait, mais je me dis soudain que je n'allais pas prendre le train aujourd'hui. J'eus la représentation très précise de moi en gare, la foule agitée et confuse, le quai et la grosse machine garée tout du long, une grosse machine de métal noir animée d'une respiration pulsatile et colossale. Je me dis très clairement que si je me retrouvais dans cette situation dont j'avais depuis un moment la vision, j'allais passer sous le train, aspiré par sa masse, basculer sur les rails, passer sous les roues comme Anna Karénine. Oui, j'ai réellement pensé à Anna Karénine en ce moment-là, ce n'est pas une pose de snob littéraire, mais sans doute l'effet d'une longue imprégnation de mille épisodes romanesques qui structurent mon imaginaire de lecteur compulsif. Je visualisais à ce moment-là, dans ma cuisine, davantage la trépidation sauvage d'une machine à vapeur des premiers temps du rail – que je n'avais jamais vue sinon au cinéma –, que l'élégante immobilité aérodynamique d'un TGV à quai que je fréquentais habituellement. La machine ancienne mettait beaucoup mieux en scène l'appréhension, la violence de l'accident possible figurée par la machine imaginaire, et puis à cette vision très physique se mêlait le souvenir empathique du trouble intérieur d'Anna Karénine, dont la vie et les sensations partaient en lambeaux, jusqu'à finir sous la machine. *Mon* esprit essayait sans doute de me dire quelque chose, bien que l'identité de ce pronom soit assez confuse. *Mon*, *me*, mais qui parlait à qui ? En tout cas l'instance qui en moi avait la charge de prendre les trains décida de ne pas prendre celui-ci. Je remontais à l'étage en vacillant, d'un côté, de l'autre, je fis tomber d'un coup de coude le cadre vitré d'une affiche touristique très colorée qui ornait la montée d'escalier. Les bris de verre s'effondrèrent en tas sur une marche, et quelque chose que je ressentis comme très sage me souffla de ne pas me pencher pour les ramasser, la moindre acrobatie sur un escalier raide, qui la veille aurait été banale, n'était maintenant plus d'actualité. Les minutes passaient et ça se confirmait : ça n'allait pas fort, et pas très droit.

Il est difficile de décrire l'être au monde de ce matin-là, qui avait lieu dans une géométrie molle saturée d'émotions ; les sensations, les sentiments et les actions y étaient à la fois familiers et radicalement autres, et le sentiment unificateur de tous ces épisodes était d'être trahi par la réalité. Oui, trahi. On peut y voir un peu de paranoïa, mais la paranoïa est un mode de comportement animiste assez tentant dans un monde surpeuplé, et cela ressemblait bien à l'ambiance de cette matinée. Et on peut en concevoir une certaine déception, parce que trahi, quand même, après si longtemps où tout se passait plutôt bien, où l'on pensait bien s'entendre avec la réalité, bien la connaître. Soudain elle se dérobait, sans prévenir et sans suivre aucune règle, se comportant maintenant d'une façon au mieux incohérente, et au pire personnellement malveillante.

Ce matin calamiteux avait quelque chose de la logique du rêve, un rêve qui aurait débordé de la nuit, et puis envahi et colonisé le réel tout entier. Comme si j'étais enfermé tout éveillé dans mon propre rêve, et on sait combien on maîtrise mal le scénario de ses propres rêves. Les rebondissements semblent en être écrits par un autre, un autre qui vous connaîtrait bien mais un peu de travers quand même, un double à l'envers dans le miroir peut-être, mais si on avance la main pour en avoir le cœur net, il n'y a pas de miroir.

J'évoluais ce matin-là dans un rêve dont je ne pouvais sortir, dont je ne pouvais même pas envisager sortir, car les approximations logiques qui sont habituelles au rêve étaient devenues les lois physiques du monde dans lequel je m'étais éveillé, le monde réel, celui créé en ouvrant les yeux comme chaque matin.

Le chat, ne voulant par principe pas participer à l'incohérence, s'était réfugié sur le toit vitré de la véranda, et tranquillement assis observait sous la protection de ce plancher de verre, comme celui installé au refuge de l’Aiguille-du-Midi, qui permet de voir entre ses pieds en chaussettes le gouffre de plus de mille mètres d’une seule jetée, sans en être aspiré par le vertige. Sage chat, comme toujours.

On sait que le rêve est tout entier construit par le cerveau, belle performance d'ailleurs. Et si là aussi, ce matin, c'était le cerveau qui en avait la responsabilité ? Pas si vite. Je sais bien ce que je vois, quand même ; le réel est ce contre quoi on se cogne, Lacan est ironiquement formel sur ce point, et je sens bien que je me cogne, ce n'est pas une illusion, c'est juste bizarre que ce soit là, tous ces obstacles en travers de mon chemin. Hier ça ne me semblait pas si encombré.

Je me suis dit qu'à zigzaguer chez moi j'allais me perdre dans des pièces inconnues, alors j'ai appelé, il fallait que l'on me porte secours. Les éclaboussures violettes commençaient à engloutir l'écran de mon téléphone, et sur ce qui restait de visible, je n'avais accès qu'à un demi-clavier. Pas qu'il soit caché par la tache, mais il semblait cassé, et il n'en restait que la moitié. Il me manquait toute la partie à gauche de la cassure, qui aurait été bien utile car c'était là qu'étaient le s et le 1, nécessaires à taper Samu, SOS Médecin, ou 15. Je parvins je ne sais comment à retrouver les touches manquantes et à composer le 15. On me répondit ; j'expliquais fort rationnellement ce qui m'arrivait, je parlai de troubles de la motricité et de la perception, toutes les deux biaisées du côté gauche, et le répartiteur, d'une voix professionnelle du plus grand calme, me dit : « Vous êtes en train de faire un AVC, monsieur. Les pompiers sont déjà en route. » Et après que j'eus donné l'adresse, mon téléphone rendit l'âme, l'écran englouti d'une crue de violine. J'eus un peu de mal à le ranger dans ma poche gauche, dont je ne savais plus vraiment où était l'ouverture.

Ils ont sonné, j'ai ouvert, je me suis retrouvé je ne sais comment allongé sur un drap, j'étais pris en charge. Les pompiers ont saisi chacun un coin du drap, ils ont compté trois et m'ont soulevé pour me poser sur le lit roulant, d'un même geste coordonné, tout pareil à celui que l'on voit à chaque épisode dans les séries hospitalières de la télévision, comme un thème chorégraphique obligé. J'en ai ri. Et j'ai senti une larme couler à ma paupière. Une pompière masquée l'a essuyée de son doigt gainé de latex, « Ne pleurez pas, Monsieur, on s'occupe de vous. » Mais je ne me sentais pas pleurer, je ne sentais ni tristesse ni panique, je ne savais pas ce que je ressentais. Je lui murmurais que c'était purement physiologique, comme si ça voulait dire quelque chose. Je crois que les émotions étaient aussi incohérentes et sans causes identifiables que la géométrie de ce monde où je m'étais réveillé ce matin. Mais c'est quoi, ce monde ? C'est l'effondrement, déjà ? C'est donc ça qu'on nous prédit ? Mais vu depuis mon lit roulant dans une camionnette de pompiers, tout avait l'air normal, tant que je n'essayais pas de me redresser. Même si je ne voyais pas exactement qui me parlait, penché au-dessus de mon épaule gauche. Je ne connectais pas sa voix et sa présence. Mais j'étais bien, bercé emporté, en sécurité. « J'ai l'impression d'être pris en charge par des gens efficaces et compétents », murmurai-je dans un soupir reconnaissant. C'est étrange d'avoir la présence d'esprit de dire des choses si pompeuses à ce moment-là, mais ma cervelle devait baigner dans un jus de neurotransmetteurs rassurants, et enivrée, elle faisait des phrases. C'est quand même mon métier de faire des phrases. « Et c'est le cas, monsieur », me répondit-on sans se formaliser ; tout allait bien. Aux urgences on me fourra dans une IRM, qui claquait avec la régularité d'un métronome comme dans une série hospitalière, encore : je n'étais pas dépaysé. On me confirma l'AVC, du côté droit, donc ayant des conséquences à gauche, un AVC hémorragique plutôt qu'ischémique, dû à la rupture d'un petit vaisseau plutôt qu'à son obstruction, ce qui était mieux me dit-on, c'est spectaculaire comme effet mais ça se résorbe bien, le corps étant semble-t-il mieux équipé pour résorber un hématome qui comprime une zone cérébrale que pour déboucher un vaisseau, opération qui doit être rapide pour que la zone cérébrale qui n'est plus irriguée ne se dégrade pas. « Eh bien parfait, me dis-je, tout ne va pas si mal. » J'eus quand même besoin d'aide pour sortir du tunnel d'investigation qui faisait, j'en pris conscience, un bruit de mâchoires qui happent.

Il peut paraître étonnant que je prenne ça comme une drôle d'expérience, comme une attraction de fête foraine où l'équilibre serait incertain et les perceptions renversées, un palais des glaces au sol mouvant et aux couloirs tapissés de miroirs déformants, un labyrinthe pas trop compliqué qui comporte toujours une sortie, dans lequel on entre pour un modique droit d'entrée, histoire de rigoler quelques minutes à se sentir perdu sans vraiment de risque. Cela scandalisera sans doute ceux qui me dirent, ensuite, d'un air catastrophé : « ça a dû te faire un tel choc », mais je ne ressentais aucune douleur, je ne me rendais pas compte de tout, et j'ai toujours bien aimé les distorsions. Les régularités m'angoissent en général, comme un enfermement. Cette expérience n'était donc pas traumatique sur le moment, mais je sens bien que si j'avais eu une configuration psychique différente, ça m'aurait bien fait flipper – mot suffisamment vague pour dire le flou d'une expérience qui aurait pu tourner en décompensation psychique ou en complotisme universel.

Mais ma conscience n'était pas atteinte, et le langage était resté intact. Je m'y accrochais solidement. Depuis toujours, depuis enfant, le langage était ma bouée, mon assurance contre tous les naufrages et les vacillements du monde, et malgré l'accident elle n'était pas crevée. Accroché à l'anneau de caoutchouc bien gonflé, je flottais, je faisais des phrases et convoquais des références, comme le romancier que je suis au quotidien, en toutes circonstances. Mais je sais que si les dégâts aléatoires avaient eu lieu de l'autre côté de ma cervelle, ou s'ils avaient été plus vastes, ou si j'avais trop traîné à téléphoner, ou si les secours avaient été engorgés, ça aurait été bien autre chose. Parce qu'on peut y perdre le langage et la conscience de soi dans ces accidents-là, qui viennent sans prévenir et où ils veulent. Heureusement, pas moi. Mais bon, il y a bien des gens qui gagnent à la roulette ou au loto. Les probabilités rares ne sont pas toujours hors d'atteinte ; on appelle ça la chance.

Dans la chambre d'hôpital peinte en blanc, si neutre, si épurée où l'on m'avait posé (oui, posé, parce que je n'agissais plus de moi-même), le cerveau déclencha alors les grandes orgues. Les soufflets furent actionnés, les claviers ouverts, le pédalier débloqué, et utilisant toutes les ressources de son prodigieux instrument, il commença de jouer la création du monde, une symphonie. Et dans la chambre si neutre où j'étais tout seul, je commençai à voir des gens.

Je dis *le* cerveau parce que j'ai du mal à dire *mon* cerveau, je ne suis pas sûr qu'il m'appartienne et qu'il fasse toujours ce que je dis. On va donc rester amical et courtois, sans prise de pouvoir de part ou d'autre, le cerveau et moi. Je considérerai avec bienveillance, mais sans illusions, la vie mystérieuse de l'organe qui m'est affecté et que je transporte partout avec moi. C'est un peu comme avec le chat, il vit chez moi mais j'ai un peu de mal à dire que c'est le mien, qu'il m'appartient. Et j'ai encore plus de mal à dire que je suis son maître, et même à le penser ; rien que d'évoquer l'idée est risible, tous ceux qui vivent avec des chats le savent ; je suis son humain, voilà tout, et lui c'est le chat, nous sommes simplement de compagnie, chacun l'un pour l'autre. Le cerveau est la machine molle que je transporte dans la boîte d'os de mon crâne, c'est tout, il est à moi comme je suis à lui. Et dans la chambre d'hôpital où l'on m'avait posé, il se déchaîna. Quel concert !

Les distorsions visuelles que je percevais de ce côté gauche du monde étaient spectaculaires, bien que le cerveau tentât de les banaliser, pas toujours très habilement.

Me verser un verre d'eau était une entreprise aventureuse. Prendre la cruche dans la main droite, ça allait mais prendre le verre dans la main gauche, c'était une tâche complexe : parce que cette main suspendue en l'air sur ma gauche, immobile, sans vie apparente, je ne voyais pas bien à qui elle appartenait, c'était un objet qui me laissait indifférent, et dont je ne savais pas bien où il était. L'absence d'informations sensorielles et spatiales m'empêchait de penser une trajectoire correcte jusqu'au verre que je voulais saisir, je restais embarrassé, jusqu'à ce que de la main droite je vienne toucher la main gauche, et là elle revenait à ma conscience. C'était finalement la mienne, et je savais enfin où elle était, hauteur, distance par rapport au verre, je pouvais lui penser une trajectoire et la diriger vers lui. Finalement elle l'attrapait – un peu maladroitement, il est vrai. L'usage erratique des pronoms montre que cette main ne m'appartenait que temporairement. Et verser l'eau sous un contrôle purement visuel ne se faisait pas sans débordements. Pendant deux ou trois jours, je demandais humblement aux aides-soignantes que l'on me remplisse mon verre, râlant ostensiblement contre ce modèle de cruche à débordement que l'on m'avait imprudemment fourni.

La soupe, je parvenais à la manger seul, de la main droite, et sans grande distance de la bouche au bol. Mais la cuillère subissait le long du trajet d'étranges métamorphoses. Elle était pourtant une image simple : un ovale métallique contenant un ovale orange, c'était saison de courges. Mais quand son trajet du bol aux lèvres lui faisait quitter la partie droite du monde, quand elle franchissait une certaine frontière invisible vers la gauche, elle changeait de forme et adoptait une géométrie impossible : la partie métallique était tranchée net, de biais, la partie orange aussi. Cela faisait une cuillère tronquée comme une bêche, la soupe restant en équilibre tout au bord de la coupure, sans couler, et par précaution je ralentissais mon geste, pour ne pas en renverser partout, jusqu'à ce que je tourne un peu la tête et que tout reprenne sa forme rassurante. Je crois que mon cerveau avait réalisé une sorte de copier/coller, hâtif et bâclé, reconstituant une fausse cuillère, bien nette et aux bonnes couleurs, mais avec une forme nouvelle et à l'équilibre physiquement impossible, pour remplacer celle qui venait de plus ou moins disparaître de mon côté gauche. On s'y fait, mais ça surprend toujours, cette métamorphose si réaliste, mais pas impeccable dans les détails.

Il est brave, le cerveau, toujours à vouloir rendre service, toujours à vouloir aider, toujours à vouloir rendre le monde plus cohérent et plus confortable, moins âpre pour le pauvre corps qui essaie d'y vivre, pour le pauvre esprit qui tente d'y mettre de l'ordre. Il y a du chien berger dans le cerveau, toujours partant pour épauler le berger débordé par ses brebis, même si sa puissante musculature et son manque de discernement rendent parfois ses interventions encombrantes. « Non, Bobby tu ne ramènes pas les brebis dans ta gueule la tête en bas, ça fait tourner le lait. Tu les poses, doucement. – Ouaf ! – C'est bien Bobby. Les brebis ça marche très bien toutes seules, simplement tu les rassembles. – Ouaf ! – C'est bien. »

Quand deux médecins vinrent me voir, je ne savais pas bien combien il était. On me parlait. Mais je ne voyais pas parler l'homme debout devant moi. Cette performance de ventriloquie était bien étrange. « C'est vous qui me parlez ? demandai-je au médecin qui gardait les lèvres obstinément closes malgré tout ce qu'il disait. – Non, c'est moi, répondit-il en parlant d'ailleurs, un ailleurs étrange puisqu'il demeurait ailleurs, irrémédiablement. – C'est bien ce que je disais », faillis-je rétorquer. Et puis je tournai la tête, et je vis un autre médecin, dont les mouvements de lèvres correspondaient aux paroles entendues. Il était à deux mètres de moi, je ne l'avais pas vu, ou plutôt pas perçu, sa présence tout entière était annulée alors qu'objectivement, optiquement, je le voyais : en tant qu'image il était là, pas en tant que présence, comme si je l'oubliais de façon répétée, un oubli à chaque seconde renouvelé, au point d'attribuer ses paroles à quelqu'un d'autre – effort du cerveau pour que tout reste normal, normalité un peu sabotée quand même par ce petit malaise de non-cohérence de l'ensemble. « Vous avez un syndrome d'héminégligence gauche », me dirent les deux compères dont je n'étais pas très sûr du nombre, ne parvenant vraiment pas à me le mettre dans la tête.

« Ah, je connais, dis-je. J'avais enseigné ça quand j'étais professeur de biologie. »

Il est bien, dans la vie moderne, de savoir un peu de neurologie. Cela n'efface pas le symptôme, il continue de se manifester, mais on s'en angoisse moins. Quand N. arriva enfin le lendemain, ayant pris le premier train du matin, on lui apprit ce mot si amusant d'héminégligence, sur lequel je plaisantais en lui donnant une explication loufoque. « Je suis la

Fraaaaance ! dis-je avec un beau vibrato gaullien, mon côté gauche n'est pas très clair, à se demander s'il existe. Mélenchon, où es-tu ? Si tu es là, frappe deux fois... » Et elle me fit un petit numéro de téléportation très réussi. Je la voyais au pied de mon lit, à écouter les explications du médecin et mes commentaires surnuméraires, et puis elle fut brusquement matérialisée à ma gauche, tout près, sans que j'aie eu conscience du déplacement. J'en sursautais. « Oh ! je ne t'ai pas vue venir... » dis-je d'une petite voix troublée. Et elle se mit à me tirer la langue et à faire diverses grimaces. « Puisque tu ne vois rien de ce côté, j'en profite ! » dit-elle avec un entrain de petite peste. Je tournai aussitôt la tête. « Et hop ! Un quart de tour et je te vois ! »

Nous riions, c'était un drôle de symptôme, et finalement un symptôme drôle, mais plusieurs jours après, elle me rappela quelque chose que j'avais totalement oublié : le premier soir, quand j'étais dans ma chambre d'hôpital et elle à Paris, je l'avais appelée, avec le téléphone de service de l'infirmière sur lequel elle avait tapé le « numéro à appeler » que l'on avait pu extraire du répertoire de mon téléphone mourant, et d'une petite voix dont elle se souvint du ton étrangement désaccordé, je lui avais dit : « Viens... Je voudrais que tu viennes... Je suis complètement perdu. » Je n'en avais gardé aucun souvenir – ni de l'appel, ni d'avoir dit cela, ni même de m'être senti perdu. Et pourtant cela avait eu lieu puisqu'elle en témoigna.

L'aspect émotionnel de cette affaire était complexe, multicouche et confus. L'émotion avait été mise de côté, transformée en images anodines de peur sans doute de m'y noyer. La digue du langage, heureusement intacte, était solide, et le black-out émotionnel avait été mis en place pour veiller sur son intégrité, car si elle s'était fissurée j'aurais été englouti de panique. Quand les gens commencèrent d'apparaître, cette solidité me fut bien utile.

Oui, des gens, qui étaient présents dans ma chambre sans même avoir ouvert la porte. Ils s'approchaient de moi, ils s'asseyaient sur mon lit, et ils restaient là à me regarder, ou bien regardaient ailleurs dans une parfaite indifférence. C'était sans règle, c'était selon les apparitions, mais toujours ils étaient si proches de moi qu'en tendant le bras j'aurais pu les toucher, mais je ne tendis jamais le bras, de façon à n'être pas entraîné dans je ne sais quel gouffre de supputations, et probablement d'effroi. Ces gens assis près de moi étaient d'une réalité indiscutable, leur apparence d'une grande richesse de détails, au point que j'avais le sentiment de pouvoir aussitôt les reconnaître si j'avais pu les regarder de plus près, un peu plus longtemps. Mais si je les fixais, si je tournais un tant soit peu la tête pour les regarder mieux – ce que j'appréhendais car justement j'aurais été amené à les reconnaître, j'en étais persuadé, et cette conviction intime était gage de réalité –, eh bien ils se dissipaient, il n'en restait rien, alors que leur présence avait été si vraie ; mais sans que j'y croie un instant, à part le bref sursaut de saisissement que provoquait à chaque fois la détection de cette masse humaine dans mon champ de vision périphérique, à gauche comme de bien entendu.

Je me souvins alors de James Ellroy. Pas vraiment de lui, je ne le connais pas, mais de l'ambiance survoltée de ses romans, et d'une phrase de lui que j'avais un jour notée sur l'un des carnets qui me sert à noter ce qui vient sans prévenir. C'était dans *American Death Trip*, cette chronique paranoïaque et ultraviolente de l'âge d'or américain, ce règne Kennedy qui nous paraît si enviable de nos jours, et que lui barbouille de sang et d'humeurs sexuelles.

« Il ne sentait plus ses pieds. Il vit des formes. Il savait qu'elles n'étaient pas réelles. »

Il est quand même étrange que voilà des années, lisant ce roman, assis sur un banc public crois-je me souvenir, j'avais interrompu ma lecture, fasciné, immobilisé, j'avais sorti précipitamment carnet et stylo, et noté cette phrase qui n'a pourtant guère d'ampleur littéraire. Mais elle me fascinait sans que je comprenne pourquoi, ma lecture en avait été stoppée, il fallait que je la note. C'était il y a quinze ans au moins, je m'en souvenais parfois, et dans ma chambre d'hôpital où des gens venaient s'asseoir sur mon lit sans cérémonie et sans rester longtemps, elle me revint tout entière, d'un coup, avec une puissante évidence, comme coulée dans un métal inoxydable et brillant. Mais cette belle performance mémorielle ne me disait en rien pourquoi je me souvenais si fort de ces quelques mots somme toute assez banals.

Je crois que ce qui m'avait frappé, et me frappe donc encore, c'était l'aspect romain, l'impavidité de ces deux affirmations contradictoires, exprimées sans réserve aucune avec la franche brutalité d'Ellroy : il sait qu'il voit, et en même temps il sait que ce n'est pas vrai, les deux avec la même évidence, la même expression directe. Cela m'avait frappé en la lisant comme une prophétie rassurante, et cela revenait au moment où j'en avais besoin puisque justement cela m'arrivait, en de tout autres circonstances puisque le personnage dont il était question dans le roman était bourré de drogues diverses et d'ultraviolence. Quinze ans après, cette phrase minutieusement notée comme dans un rêve trouvait enfin son application. Moi aussi je vois des formes, moi aussi je sais qu'elles ne sont pas réelles, les deux exactement en même temps. Sans drogue ni violence, et avec moins d'angoisse qu'un personnage d'Ellroy. La littérature, y a pas à dire, ça aide dans la vie.

Car à moins d'en être prévenu par la littérature, qu'elle soit romanesque ou scientifique, il n'est aucun moyen de distinguer naturellement la perception de l'illusion, l'observation d'une réalité qui serait indépendante de soi et la construction de toutes pièces d'une réalité intérieure à soi, puisque les deux empruntent exactement les mêmes voies pour atteindre la conscience. C'est un peu comme l'interlocuteur avec lequel on discute au téléphone : pas moyen à seulement l'entendre de savoir s'il est dans la pièce à côté ou en Chine. Dans un cas comme dans l'autre, sa voix vient du téléphone que l'on tient dans la main, c'est tout. « Je vois manifestement qu'il n'y a point d'indices concluants ni de marques assez certaines par où l'on puisse distinguer nettement la veille d'avec le sommeil », disait déjà Descartes dans les années 1640, sans métaphore téléphonique. Cette question se pose sans doute depuis que l'être humain a été doté du rêve.

Pour se rassurer quant au statut de cette petite voix qui sort du téléphone qu'on tient à la main, on peut toujours prétendre que si la réception n'est pas très bonne, c'est parce que l'interlocuteur est loin, et que s'il était proche on le saurait immédiatement par la netteté du son, mais la bonne gestion des signaux numériques sur de longues distances rend ce critère inopérant, cela revient à croire que les illusions sont floues et que la réalité c'est quand même du solide, mais ce ne sont que des approximations rassurantes, des croyances naïves quant à la solidité du réel et à l'impalpabilité de l'illusion ; l'illusion est bien plus solide qu'on ne veut le croire, et le réel plus évanescent qu'on en est persuadé : il y a entre les deux une certaine égalité cérébrale, car il n'est pas dans notre cerveau une voie pour chaque modalité de perception. Voir c'est voir, tout ce que l'on identifie comme vu c'est réellement vu, parce que ce qu'on voit c'est ce qui passe par les zones cérébrales dévolues au traitement des informations visuelles. En ceci, l'atteinte cérébrale ne modifie pas la perception qu'on a de la réalité mais modifie la réalité elle-même, celle qui nous arrive, celle à laquelle on croit, celle dans laquelle on vit. Observer, rêver, se souvenir, délirer : pas de différence technique au fond. Pour s'y retrouver, pour différencier ce qui est vrai en dehors de nous de ce qui n'existe qu'en nous, il y faut une procédure.

Dans *Total Recall*, film de science-fiction d'après un roman de Philip K. Dick, on voit à l'œuvre une telle procédure, une façon de savoir si le personnage avec lequel on interagit est réel en lui-même ou bien s'il est une émanation de nos propres rêves. La procédure est simple, elle est à l'américaine : l'autre devant soi dont on doute, il faut lui pointer crânement un flingue sur la tempe. Et si on n'a pas de flingue ? On est globalement dans un rêve, qui est l'accomplissement des désirs, donc on en a un. Si l'autre dont on doute et que l'on menace montre des manifestations physiques de peur, quelques gouttes de sueurs froides sur son front ou ses tempes, il est un autre, il est extérieur à soi, puisqu'il a peur de disparaître. S'il ne manifeste rien, c'est que sa disparition n'a pas de conséquences car il est faux, il est une projection interne qui n'a pas peur car sa création ne coûte rien. Il y a du sophisme dans ce raisonnement, des présupposés psychologiques de western, mais ça fonctionne bien dans un scénario paranoïaque. Le personnel soignant de mon hôpital l'a échappé belle, j'aurais pu errer dans les couloirs en pointant un flingue sur les gens, attendant qu'ils aient peur. « Monsieur, que faites-vous ? Posez donc cette arme ! Arrêtez de menacer tout le monde ! – Foutez-moi la paix ! aurais-je hurlé d'un ton hystérique, je suis en procédure de vérification ! »

Et je ne suis pas allé non plus dans les couloirs à la rencontre des médecins, infirmières et infirmiers, aides-soignantes, que j'aurais pu y rencontrer (oui, il semblerait que les hiérarchies soignantes soient genrées), pour leur glisser à l'oreille, de l'air entendu de celui qui annonce et prévient : « Les morts reviennent... vous avez remarqué ? Ils sont là, dans ma chambre... » Je ne l'ai pas fait, mais j'y pensais en gloussant. Cela ressemblait tellement à ce genre de thriller qu'est le fantastique hospitalier que c'était là une occasion de devenir cette fois-ci un personnage de Stephen King. Ça aide, la littérature, parce que dans le grenier où l'on entasse les fictions qui un jour ont été écrites et lues, on trouve toujours de quoi appliquer quelques éléments à son propre cas. Ça permet d'y penser sans avoir à y croire, ça protège de la terreur d'un monde incertain, car tout peut être fiction déjà écrite par quelqu'un, donc ce n'est pas si grave, on peut y trouver de l'ordre, cela rassure car la folie, elle, est sans ordre ; du moins celle que l'on vit soi-même, les psychiatres y voient sûrement plus clair. Malheur à ceux qui ne lurent pas assez et sont maintenant surpris de ce qui leur arrive et le tiennent pour vrai, puisque inédit, selon ce sophisme qui prétend que ce que l'on n'a jamais vu on ne peut l'inventer. Allons, lisez donc.

Mais le maître de cérémonie de mon séjour en neurologie restait Philip K. Dick, qui est un génie romanesque dont toute l'œuvre est basée sur la paranoïa, dont tous les romans ne posent qu'une seule question : cette réalité dont tout le monde s'accommode, que tout le monde me présente comme vraie, est-elle vraiment la bonne ? la seule ? ou bien est-ce que l'on m'entube ? Son thème romanesque est le doute, le fil narratif est un questionnement inquiet sur la réalité de la réalité, et les péripéties sont la recherche de procédures permettant de lever le doute. Ce qui est plutôt un souci de lecteur, pas tellement celui de l'auteur, puisque le doute est si ancré en la personnalité même de l'homme Dick que c'est la prise de conscience de cette méfiance qui compte, pas sa résolution. Dick, c'est un peu le type qui pense que le paranoïaque c'est celui qui a tout compris. Il n'y a donc pas tant d'angoisse dans ses mondes flottants, seulement une affirmation de leur existence, car les délires, ceux au sens psychiatrique, sont toujours des affirmations. Au fil de sa bibliographie, on voit les oracles opaques du Yi King avoir plus de consistance que la réalité physique tout entière[1], ou bien le souvenir physique d'un geste du bras, permettant d'allumer sans y penser la lampe de la salle de bains, se révéler être un faux souvenir puisque l'interrupteur n'y est pas. Et cela suffit à douter de la réalité, celle de la salle de bains d'abord, puis de proche en proche celle de tout le reste, de la réalité tout entière, de la remettre en

1. Philip K. Dick, *Le maître du Haut Château.*

cause et finalement de la récuser totalement[2]. On y va fort dans Dick. Mais maintenant je comprends.

On peut estimer que l'histoire d'un type qui se voit recraché comme un noyau de cerise par son lit hostile, muni mystérieusement de draps dérapants, est un bon début pour une nouvelle dickienne. Et si en plus des gens viennent s'asseoir sur son lit sans avoir ouvert la porte, on tient la matière d'un roman entier.

2. Philip K. Dick, *Le temps désarticulé.*

D'AUTRES FANTÔMES ME RENDAIENT VISITE, CEUX-LÀ PLUS DOMESTIQUES. Ils suivaient fidèlement ceux qui venaient s'affairer dans ma chambre (après avoir frappé puis ouvert la porte, signe de réalité) : médecins, infirmiers et infirmières, aides-soignantes, et N. aussi. Que de monde dans cette petite chambre tranquille ! et chacun suivi d'un double vaporeux, une vapeur blanchâtre à forme humaine qui se détachait des mouvements que faisait chacun et subsistait un moment en l'air comme une silhouette vivante, qui se dissipait ensuite à la façon dont on figure des fantômes dans un film à petit budget aux effets spéciaux désuets, ou bien comme ces premiers bidouillages vidéo dont abusaient les clips musicaux des années 1980, où chaque mouvement du chanteur qui s'agitait en rythme était suivi d'une traînée blanchâtre de persistance.

Ensuite c'est dans mon téléviseur qu'il y eut foule. J'en avais un, accroché au mur blanc, comme une fenêtre opaque dans le prolongement du lit, distributeur de stupéfiant léger pour les longs séjours hospitaliers. Alors dans le temps mou de l'hôpital, je l'allumais parfois, cela me donnait l'heure. L'esprit en proie aux longs ennuis était avide de n'importe quoi qui le nourrisse, même la junk food d'une télévision ou d'une plateforme de vidéos à la demande faisait l'affaire. C'était saison de championnat du monde alors je regardais un peu de foot, dans ces périodes-là même un ignare comme moi regarde jouer la France. Ce fut France-Maroc et on se pressa en foule sur la pelouse.

Sur l'aplat vert qui sur l'écran figurait le terrain, je distinguai des reliefs, des creux et des bosses qui définirent des formes, et puis très vite, puisqu'on courait, des mouvements. Cela se structurait progressivement, et bientôt il y eut des gens supplémentaires sur le terrain, tous habillés en vert, verts eux-mêmes, dont je ne savais pas exactement s'ils couraient à quatre pattes sur l'herbe, ou bien sous l'herbe, en la soulevant au passage comme une souris filant sous un tapis, toujours très vite, toujours au bord de mon champ de vision, toujours disparaissant dès que j'essayais de les fixer. Toute cette agitation était d'un vert électrique, une couleur d'écran qui n'existe pas dans le monde réel, mais on était au Qatar, tout était possible. Sur l'écran pas très bien réglé, un peu pixélisé, plein de granulations, ça s'agitait, ça s'organisait par à-coups. Et bientôt il y eut une ligne d'Africains filiformes en long boubou vert pelouse, qui couraient épaule contre épaule, tenant devant eux une palissade de roseaux feuillus. Je dis Africains, car il n'y a qu'eux dans le monde pour porter élégamment un tel boubou flottant, d'un tel vert éclatant. Puisqu'il y avait cliché c'était logique, ce devait être réel.

Toute cette agitation encombrait beaucoup la pelouse, cela rendait le match un peu confus, et son suivi pénible, je n'allais pas au bout, ça me fatiguait. Je ne parvenais plus à compter les types en trop, ceux à quatre pattes, ceux de petite taille, tous ceux qui couraient dans tous les sens en profitant de leur camouflage vert, mais je les voyais apparaître et disparaître, c'était épuisant. Je devrais écrire à la FIFA pour protester contre cette délirante transgression des règles. Ce n'est pas parce que le foot est un sport démocratique qu'il faut que tout le monde vienne sur la pelouse, surtout la moitié en tenue camouflée.

Quelques jours plus tard, pour France-Argentine, cela s'était calmé. Ma lettre à la FIFA avait probablement fait effet, il n'y avait que le nombre normal de joueurs sur la pelouse, et elle était réglementairement plane et rase, juste de l'herbe.

Mais quand même, chaque offensive était suivie d'un sillage vert, comme ces jours de grosses pluies, quand les voitures traversent à toute vitesse des flaques profondes et qu'elles avancent bordées et suivies de deux murs d'eau. C'était comme ça sur la pelouse des stades bizarres du Qatar, chaque joueur en train de courir était bordé et suivi de ce genre de sillage, sauf que c'était tout en herbe, et cela avait lieu à chaque course. Quand ils étaient plusieurs à courir c'était un tsunami qui les poursuivait, j'en avais peur pour eux et je les encourageais à courir plus vite, et puis je pestais, ça brouillait ma vision du jeu, les vingt-deux types sur l'écran couraient dans une prairie d'herbes hautes qui leur venaient à la taille, et comme elle était agitée de vents furieux et tourbillonnants, cela empêchait toute appréciation tactique.

Elle était vraiment bizarre cette coupe dans un pays du Golfe, sur des pelouses extraterrestres, le football ne se ressemblait plus. Mais je savais que ce n'était pas les joueurs, ni la monarchie gazière, ni l'écran, mais moi, ou plutôt le cerveau dont je suis doté, qui réalisait pour moi seul des animations qui n'existaient pas. Les irrégularités de l'image de la pelouse étaient sans doute interprétées comme des reliefs puisque le cerveau fait toujours ça, les techniques d'ombrage du dessin ne font qu'exploiter cette propriété, et puis ces formes étaient sur-interprétées comme signifiantes, et puis affectées du mouvement général présent sur l'écran, et finalement intégrées dans des scénarios probables, un peu absurdes au vu de la situation, mais plausibles si on ne chipote pas trop. Mon cerveau improvisait, à toute vitesse. Il mixait, comme un DJ, à partir de tous les éléments dont il disposait, il fournissait des interprétations de bas niveau perceptif comme les reliefs, jusqu'à des interprétations de haut niveau signifiant comme cette phalange africaine camouflée de roseaux ; il faisait son boulot, l'organe, comme d'habitude, mais un peu n'importe comment, car la tâche était d'une ampleur inhabituelle, une partie du monde manquait inexplicablement à l'appel ; alors avec les moyens qui sont les siens, il comblait les trous, il lissait les failles, il improvisait de bonnes raisons qui ne tenaient pas vraiment debout, mais ça allait. On remarquera qu'encore une fois je prends des distances avec ce cerveau, qui pourtant en toute légitimité est le mien, parce que là, il était en roue libre, ma conscience n'était qu'en bout de chaîne pour accueillir en spectatrice ses créations sauvages. Retrouvant l'esprit de Descartes, excellent guide en claires pensées, « je supposais donc qu'il y avait, non point de simples yeux, qui seraient la souveraine source de vérité, mais un certain mauvais organe, – le cerveau donc –, non moins rusé et trompeur que puissant, qui employait toute son industrie à me tromper ». Il serait donc sage d'adopter un scepticisme général, et de préparer mon esprit « à toutes les ruses de ce grand trompeur, pour qu'il, aussi puissant et rusé qu'il soit, ne puisse jamais rien m'imposer ». On aura noté que je laïcise Descartes, remplaçant Dieu par le cerveau et sa puissance de calcul. Je modernise.

Je crois que mon cerveau avait téléchargé Photoshop, et depuis il l'utilisait tout le temps, mais il s'en servait comme un manche. Il produisait des images incohérentes, que je prenais comme des réalités, incapable que j'étais, et que je suis, et que nous sommes tous, de différencier le vrai du faux, de juger si ce que l'on voit devant soi est hors de soi ou bien n'y est pas. Depuis que ce cerveau, qui est le mien mais ne m'obéit pas, jouait avec son nouveau logiciel comme un gamin émerveillé le jour de Noël, c'était un pur chaos dans ma chambre, dans le couloir, et même dans la télévision.

Cela s'atténuait quand même. À l'infirmier venu demander de mes nouvelles, j'eus un certain plaisir à annoncer, les yeux dans les yeux d'un air très sérieux et un peu illuminé : « Je ne vois plus de formes humaines qui vous suivent. – Ah ? » Je ne sais pas si ça l'a rassuré que je lui annonce ça, si cela signifiait que j'allais mieux ou si cela confirmait que j'étais complètement fou. Annoncer que non, les morts ne reviennent plus hanter le service, c'est ambigu comme déclaration d'équilibre psychique.

Heureusement, N. venait me voir les après-midis. Nous avions du thé en vrac dans un petit pot de verre, une théière en fonte, une bouilloire et de jolis bols bleus, tout le nécessaire pour scander le temps mou de l'hôpital par des rituels bien ordonnés, et nous rappeler, surtout à moi, que le monde existait encore. Elle avait apporté un bouquet de tulipes rouges autour duquel nous nous asseyions pour prendre le thé, et qui faisait s'exclamer les aides-soignantes : « Mais vous avez organisé un petit coin salon... – Oui... c'est pour recevoir, Madame vient tous les jours. » Mais je veillais jalousement sur les tulipes, qui lentement fléchissaient, qui s'ouvraient jusqu'à montrer l'intérieur doré de leur calice. « Elles sont un peu fatiguées... Je vous en débarrasse ? – Non. » Je ne voulais pas qu'elles disparaissent du fait de l'indispensable hygiénisme hospitalier, je voulais voir en elles le lent passage du temps, voir leur beauté évoluer comme toujours la beauté évolue, mûrissante et changeante, voir leurs états colorés successifs, et s'il fallait les évacuer, que ce soit moi qui m'en charge. Cette tristesse d'être passé si près de ma propre mort, émotion énorme que mon cerveau avait mise sous clé pour qu'elle ne tourne pas en panique, ne s'exprimait plus que par un attachement déraisonnable à un bouquet de tulipes que N. m'avait apporté, fleurs qui lentement fanaient mais parce qu'elles étaient vivantes, ce qui me faisait du bien car j'étais moi aussi vivant.

Comme il faisait chaud dans cette chambre, N. relevait ses manches, et plusieurs fois où elle porta cette chemise éclatante aux motifs bleu et noir, je vis très nettement sur son bras droit, celui qui était à ma gauche quand elle était assise en face de moi à cette petite table, à partir de la manche retroussée et jusqu'au poignet, un magnifique tatouage d'une belle encre bleu-noir très nette, dans l'esprit des feuillages dont les musulmanes peuvent se décorer les mains en certaines circonstances, mais sans le flou sépia du henné ; sur son bras c'était net comme dessiné à la plume, et d'un bleu Klein très intense. Je n'y crus pas. En regardant mieux, cela se désagrégeait en morceaux comme un vitrail qui se brise et dont les morceaux fondraient au fur et à mesure de leur chute. Mais d'un jour à l'autre cela revenait, identique, éclatant, avec toujours le même impact visuel. J'aurais voulu lui montrer mais je ne le pouvais pas, je pouvais seulement en parler, ça la faisait rire, même si parfois elle rabaissait machinalement sa manche. « Ce n'est pas la peine que je prenne ton bras en photo, soupirai-je, on ne verrait rien... » Ben oui, c'était moi, seulement moi, mon cerveau qui inventait des dessins sur son bras, pour combler un flou sans doute, pour interpréter des traces, les rendre acceptables. Cela n'apparaissait que dans l'ombre projetée de son bras à ma gauche, sous la manche relevée, cela avait la couleur des motifs de sa chemise, et peut-être que ça extrapolait les veines qui apparaissaient bien nettes et bien droites sous sa peau blanche. C'était un peu confus, cette partie de l'image gauche, alors le cerveau, infographiste consciencieux, mettait de l'ordre, il appliquait des motifs plausibles sans intégrer l'incohérence majeure qui est que N. n'a jamais eu le moindre tatouage. Le rêve fait souvent ça, ajoutant ou ôtant des éléments à quelqu'un de pourtant connu, s'affranchissant sans vergogne de la mémoire. L'image était globalement correcte, la stabilité du monde était apparemment assurée, on ne va pas faire du sur mesure non plus.

Le cerveau est coutumier de ces bricolages, il fait ça tous les jours mais on ne s'en aperçoit pas, on n'y fait pas attention et c'est d'ailleurs le but. La perception de la couleur, par exemple, n'est qu'un grand bobard mouliné jour après jour.

Notre œil est capable de percevoir les couleurs, c'est un fait avéré, la rétine contient des cellules photoréceptrices, les cônes, capables de les discerner car possédant des pigments photosensibles qui réagissent à différentes longueurs d'onde de la lumière, donc différentes couleurs, en produisant des messages nerveux. Et il est un fait d'évidence que le monde autour de nous est coloré, donc ça fonctionne. Mais là est le bobard neurologique. Quelques observations de la rétine et quelques tests cognitifs démontrent que l'on ne perçoit la couleur que droit devant nous, dans une zone qui a la taille du creux d'une cuillère à dessert tenue à bout de bras, qui correspond au champ visuel perçu par les cônes. Le reste, autour, est le champ visuel perçu par les autres cellules photosensibles présentes dans la rétine, les bâtonnets, qui eux ne perçoivent que les variations de luminance, soit les nuances de gris, et les mouvements, le tout assez flou car ils sont disposés de façon moins dense que les cônes. Donc l'œil tel qu'il est nous permet de voir un petit cercle net et coloré droit devant, et tout le reste est flou et en noir et blanc. Ce qui ne correspond pas du tout à notre sentiment d'un monde uniformément détaillé et coloré.

C'est là qu'intervient la puissance logicielle du cerveau. L'œil envoie des informations, le cerveau les traite et produit une perception dont on a conscience. L'œil échantillonne, il est en permanence animé de saccades, il pose sa zone d'excellence ici et là, prélève couleurs et détails, et à partir de ça le cerveau reconstitue une image uniformément colorée et raisonnablement nette, qui est celle où l'on vit, et dont on croit dur comme fer à la réalité. Gloire aux cônes, donc, qui voient tout, mais si peu nombreux que le cortex visuel doit en permanence recoudre les informations partielles qu'ils lui envoient pour reconstituer une image assez grande pour nous contenir tout entier ; c'est un patient travail de patchwork qui a lieu, à l'échelle du centième de millimètre et du dixième de seconde. Quant aux bâtonnets ce ne sont pas des cônes à bas coût qui auraient été dotés de moins de fonctions pour que leur production en grand nombre soit moins ruineuse, ils ont leur fonction propre. Dans leur monde en variations de noir et blanc, ils perçoivent mieux les faibles lumières, les formes, les ombres et les mouvements, ils veillent sur notre périphérie, ils font de notre champ visuel tout entier non seulement une source de connaissances précises mais aussi une zone sensible à toute présence, et donc globalement un champ perceptif efficace pour la survie des grands animaux que nous sommes, mais également pour les activités des êtres pensants que nous sommes devenus. Pas mal pour un simple traitement de l'information.

Le tatouage si réaliste que N. exhibait à son corps défendant plusieurs jours durant avait été créé presque ex nihilo par cette belle machine, la couleur probablement échantillonnée sur le motif de sa chemise, la forme prélevée sur ses veines, le principe des arabesques de feuillage retrouvé dans les archives mémorielles, et hop, la zone d'ombre un peu floue de son bras à ma gauche qui menaçait de faire un trou dans le tissu du monde se vit remplie d'une image tout à fait crédible à tous points de vue, couleur, forme, logique, sauf ce niveau supérieur d'intégration qu'est la logique biographique. Une légère incohérence vaut mieux qu'un trou dans le réel, qui lui serait inquiétant ; une incohérence on peut toujours la rationaliser, le cerveau produit inlassablement des scénarios plausibles qui justifient tout ; et ceux trop tirés par les cheveux, ceux qui se heurtent à trop de contradictions, sont oubliés au fur et à mesure.

C'est déjà pas mal pour une machine, dont on se rappelle qu'elle ne conçoit pas la notion de sens, ou plutôt pour laquelle le sens est seulement mimé par un emboîtement de niveaux d'intégration d'informations de plus en plus générales et complexes. Il peut manquer le dernier niveau, celui global qui fait l'être humain entier, sa pensée et sa vie, et il faut sans doute être en état d'éveil pour qu'il soit activé. Penser, il n'y a que moi tout entier qui le peut, par un mécanisme cérébral d'éveil qui englobe tous les mécanismes cérébraux.

Quand je parlai du tatouage fantôme sur le bras de N. à l'ergothérapeute, qui un matin sur deux contrôlait mes performances en quelques exercices de motricité fine, elle eut cette réponse de fille : « Et... ça lui allait bien ? » Mais elle se crispa un peu quand je lui appris que la partie gauche de son vêtement de travail blanc, de la taille à la cheville, était imprimée d'un minutieux motif de fleurettes rose orangé, sur fond d'un jaune moutarde un peu éteint, genre papier peint des cuisines des années 1970. Elle nota que ça égayerait bien l'uniforme, et passa à autre chose. Elle ne voulait sans doute pas être entraînée malgré elle dans un roman de Philip K. Dick. À la séance suivante il n'y en avait plus trace. Avait-elle fait une lessive ? Je ne voyais pas du tout où le cerveau avait pu échantillonner le motif et les couleurs. Il n'en fut plus jamais question.

Mon lavabo subit le même traitement, moins minutieux mais tout aussi réaliste/irréaliste, je ne sais comment dire. Dans la salle de bains de ma chambre, le lavabo était situé bas, sans doute pour que l'on puisse l'utiliser assis, sur un tabouret ou un fauteuil roulant (on était quand même dans un hôpital). Voulant rester debout, je me brossais les dents de la main droite en me penchant, m'appuyant machinalement de la main gauche sur le bord de porcelaine. Et autour de mon appui je vis sa matière blanche se marbrer, se recouvrir d'une pulvérisation colorée comme appliquée à la bombe, d'un violet sombre, un pourpre intense et opaque, le même que celui qui avait envahi quelques jours auparavant l'écran de mon téléphone avant qu'il ne trépasse. Et puis la masse de porcelaine se mit à se ramollir, à se déformer et à couler vers le sol comme si c'était un bloc de plastique blanc posé dans un four. Du bout du doigt je vérifiai la solidité de mon appui sur le lavabo, et terminai de me laver les dents, je n'y croyais pas. Le bloc sanitaire ne m'avait pas coulé sur les pieds, tout était resté en place, solide et froid comme d'habitude, la couleur disparut dès que je me fus relevé, mais cela se reproduisit plusieurs jours de suite, de moins en moins, jusqu'à se réduire à l'apparition de quelques gouttes de pourpre avant de disparaître complètement. J'admirai la puissance de mon cerveau capable de faire fondre de la porcelaine sous mes yeux de façon très réaliste alors qu'il y faut au moins 1500 degrés. Quel céramiste je transporte ainsi avec moi ! Mais je m'interrogeais sur ce goût constant pour la pourpre ecclésiastique. Ai-je un cerveau qui se veut universel et qui aspire à une infaillibilité papale ? M'étonnerait pas.

ELLES SONT TRÈS PARTICULIÈRES, LES ATTEINTES CÉRÉBRALES, ELLES CHANGENT LE MONDE, on ne s'y appartient plus, on continue d'aller comme un canard sans tête, sans rien y comprendre, et sans vraiment s'en rendre compte. Si on a mal à la jambe, on a toujours une jambe, même si elle est empêchée. On peut essayer de la bouger, même si la douleur la bloque, et on sent que quelque chose d'autre que la jambe, quelque chose d'autre que soi, empêche. L'atteinte cérébrale quant à elle fait disparaître l'organe, et même l'idée de sa fonction, qui devient irreprésentable.

On peut tituber si on a mal à la jambe, on sait que c'est la jambe qui se dérobe, mais en cas d'atteinte cérébrale, atteinte que l'on n'a pas sentie parce que le cerveau dans sa grande pudeur ne donne jamais aucune nouvelle de son propre état, ne ressent aucune douleur, eh bien si on titube c'est à n'y rien comprendre. On titube parce que le monde se dérobe sans avoir prévenu. Une partie du monde n'est plus là, on chute d'une façon inexplicable, ce qui peut fâcher, et le cerveau mouline, fait tourner toutes ses ressources logicielles pour rétablir un monde à peu près correct, à peu près raisonnable, à peu près habituel – même si l'habitude dans ce cas-là est une illusion recréée à l'instant par toutes les ressources du cerveau, avec effet rétroactif, sans trop se soucier des énormes absurdités qu'il laisse passer. Le cerveau assure une cohérence superficielle pour continuer de vivre quand même dans un monde à peu près stable, mais il ne vérifie rien derrière.

Le rêve, encore une fois, procède de la même façon, car il n'en est pas d'autre : les yeux une fois fermés, le cerveau rebâtit de toutes pièces un monde qui se tient, auquel il attribue tout de même du sens, mais un sens improvisé, un sens mal ajusté, approximatif, mais qui pourrait être vrai, comblant les gros manques comme il peut, dans la panique de l'improvisation car l'heure tourne. Toute incohérence trop importante et trop longue pourrait produire une embardée onirique qui réveillerait le dormeur, drame qu'il faut éviter. Le rêve est là pour ça, gardien du sommeil. Et à l'état d'éveil, c'est la réalité vraie qui est l'enjeu, et la stabilité psychique.

Le cerveau est un bâtisseur de mondes plus qu'il n'en est l'observateur.

Comment sait-on cela ? Pas par intuition ni expérience directe, parce que savoir que l'on a un cerveau est un pur savoir intellectuel, alors qu'avoir une main est une évidence, qu'avoir un estomac peut être une expérience sensible malgré son enfouissement sous plusieurs couches de peau, et avoir un foie peut se déduire en mettant en lien quelques indispositions d'après boire. Le cerveau, lui, est perpétuellement muet sur lui-même. On ne peut savoir que l'on en a un qu'en l'ayant appris dans les livres, et de quelqu'un d'autre. Savoir que l'on a un cerveau est le résultat du travail de centaines de neurologues et de cent cinquante ans d'observations et de mesures, de concepts et de théories inlassablement testées et de modèles plus ou moins efficients élaborés en réponse à la perplexité médicale devant des milliers de patients en train de dérailler. Cela depuis monsieur Leborgne, ce patient inaugural si mal nommé puisqu'il voyait très bien, son problème étant plutôt le langage. On l'avait surnommé *Tan Tan* dans l'hôpital où il était hébergé parce qu'il ne pouvait dire que ça, et son autopsie finale par Paul Broca révéla une lésion à la base du lobe frontal gauche, lésion que le docteur associa très officiellement dans une publication scientifique de 1861 à l'aphasie du patient, faisant de cette aire abîmée, que l'on baptisa aire de Broca comme on renommait la Colombie ou l'Amérique du nom de leurs découvreurs ou concepteurs, la zone responsable du langage, voire le lieu de la tête d'où jaillit le langage. Cette aire de Broca inaugura une longue suite de localisations cérébrales, qui finirent par recouvrir la totalité de la surface de l'organe. On possède désormais une carte de ces territoires, et chaque partie de la cervelle s'est vue attribuer une fonction. Cette exploration valait bien celle de l'Afrique que l'on entreprenait à la même époque, avec comme équivalent de la recherche éperdue des sources du Nil celle du lieu de la conscience, le petit tabouret vide où se serait assis l'homoncule cartésien, toujours pas retrouvé. De nos jours la question ne se pose plus ; tout comme la notion de source n'a plus de sens, puisqu'un fleuve ne jaillit pas de sa source mais est issu de l'ensemble de son bassin versant, la conscience, de même, a son centre partout et sa circonférence nulle part ; elle est une propriété de l'ensemble de la machine, même si chacune de ses pièces y a une fonction particulière et partielle.

Les cartes achevées, publiées, on crut tout comprendre de l'esprit. Les sciences sont coutumières de ces clôtures triomphales d'un champ de recherche, quand dans un instant d'ivresse autosatisfaite on croit tout savoir, à quelques détails près, quelques obscurités partielles dont les doctorants à venir se chargeront, pour s'aguerrir et gagner leur place à l'Académie. Pour la neurologie, le triomphe final eut sans doute lieu en 1983, quand Jean-Pierre Changeux publia *L'Homme neuronal*, somme vulgarisée du savoir acquis depuis un gros siècle, livre accessible et bien diffusé qui troublait tout le monde, les scientistes de tant de réussites, les humanistes de tant de matérialisme tranquille, et les amateurs éclairés de voir ainsi la conscience si bien expliquée. Et en 1998 fut publié *La nature et la règle*, un dialogue assez vif entre deux champions, celui de la neurologie matérialiste et celui de l'antique philosophie, Jean-Pierre Changeux, donc, et Paul Ricœur, le premier venant demander qu'on lui accorde un siège à l'assemblée des modes de pensée humains, et l'autre, fort de son règne millénaire sur cette assemblée, le lui refusant avec hauteur.

Le cerveau pense, puisque sans lui on ne pense pas, disait le neuroanatomiste. Cela se prouve, et même se mesure, puisque les neurones qui constituent l'organe conduisent de façon ordonnée des signaux enregistrables. Et le philosophe, ce penseur qui pour penser jamais n'avait observé une cervelle, sinon à la cantine, de répondre sèchement :

« Les discours tenus d'un côté et de l'autre (neurologie et pensée), relèvent de deux perspectives hétérogènes, c'est-à-dire non réductibles l'une à l'autre et non dérivables l'une de l'autre. Dans un discours, il est question de neurones, de connexions neuronales, de système neuronal, dans l'autre on parle de connaissance, d'action, de sentiment, c'est-à-dire d'actes ou d'états caractérisés par des intentions, des motivations, des valeurs. Je combattrai donc ce que j'appellerai désormais un amalgame sémantique, et que je vois résumé dans la formule, digne d'un oxymore : Le cerveau pense. »

Eh bien voilà, comme dirait Cyrano, à la fin de l'envoi je touche : la philosophie ne veut pas prendre en compte l'organe, parce qu'au fond il n'a aucun intérêt. On peut très bien penser sans savoir rien de la matérialité de son cerveau ; et de plus, l'état assez rustique des connaissances en cette fin de XXe siècle permettait tout juste de comprendre pourquoi monsieur Leborgne ne pouvait dire que « tan tan », mais pas du tout comment ni pourquoi le docteur Broca avait produit cette belle œuvre de pensée, consistant à déterminer la première localisation cérébrale, et par là à construire un modèle purement matériel qui visait à expliquer, un jour, toute la pensée. En 1983, on savait beaucoup de choses (c'était un gros livre), mais on n'était pas prêt. On ne pouvait certainement pas expliquer la pensée, ou alors de façon très vague et abusivement extrapolative, pensée dont tout le monde faisait l'expérience et qui semblait très bien fonctionner sans que l'on ne sache rien de tout ce fatras de neurones. C'était un peu comme d'avoir ouvert une de ces armoires de connexions téléphoniques dont les édifices discrets jalonnent nos rues. Portes ouvertes, on voit le fouillis de fils plantés dans des connecteurs, et on se dit en désignant du doigt un fil : oui, je comprends, ça relie ; et si on coupe le fil, la communication est coupée aussi. Et croire que l'on a ainsi compris le téléphone et son fonctionnement, et même le contenu des conversations.

Et Ricœur de continuer :

« Quand on me dit que j'ai un cerveau, aucune expérience vive, aucun vécu, ne correspond à cela,

je l'apprends dans les livres. L'agnosique dénie être victime d'un quelconque trouble. Le sujet normal n'est pas non plus averti de la contribution de son cortex cérébral à l'élaboration de sa pensée. Le cortex ne sera jamais dans le discours du corps propre.
– Pour une raison extrêmement simple, rétorque Changeux, en une tentative désespérée de donner quand même une toute petite explication partielle pour sauver l'ensemble : il n'y a pas de terminaison sensorielle dans le cortex cérébral, alors qu'il y en a dans le reste du corps. Lorsqu'on a mal à la tête, on n'a pas mal aux neurones, on a mal à l'enveloppe méningée qui protège notre cerveau.
– Le cerveau restera de façon définitive un objet de connaissance, et n'appartiendra jamais à la sphère du corps propre, achève Ricœur, tel un coup de grâce. Le cerveau ne "pense" pas au sens d'une pensée qui se pense. Mais vous, vous pensez le cerveau. »

Et toc ; le gong a retenti, le match est fini, la neurologie est déboutée, elle n'aura pas son siège à l'assemblée des modes de pensée, en tout cas pas maintenant, pas en l'état de ses connaissances, parce que pour l'instant, en cette fin de XXe siècle, elle promettait beaucoup mais tenait peu ses promesses. Ce n'était pas définitif, puisque par définition les sciences progressent, elles procèdent méthodiquement, de façon cumulative et collective. L'homme neuronal s'est extraordinairement perfectionné en quarante ans, c'est le temps qui sépare le vol poussif des frères Wright à deux mètres au-dessus d'une plage des acrobaties vertigineuses en plein ciel d'escadrilles entières de Spitfires.

Ce que l'on savait du fonctionnement cérébral dans les années 1980, et que j'avais appris à l'époque, quand, étudiant que j'étais, je lisais *L'Homme neuronal* dans le bus qui m'emportait à la fac chaque matin, cela ne m'aurait pas permis de comprendre ce qui m'arrivait dans ma chambre d'hôpital, si objectivement vide et tout à la fois si peuplée de fantômes et de métamorphoses. Mais heureusement j'avais lu Naccache avant de venir. Si l'œuvre de Jean-Pierre Changeux représente l'aboutissement de la première époque de la neurologie (une somme historique), celle de Lionel Naccache en est l'état des lieux de la deuxième époque, encore en développement.

Sachant une bonne fois pour toutes les neurones, leurs réseaux, et le découpage de la couche superficielle de l'organe, le cortex, en zones spécialisées, eh bien, comment ça marche ? Comment peut-on recréer ces si belles perceptions multimédia que l'on appelle réalité ? Et comment en a-t-on conscience ? Et c'est quoi, la conscience, et puis c'est où ? Les travaux de Naccache (et de toute une génération de neurologues avec lui, mais on le nommera lui, du fait de son talent de synthèse et de narration) entreprennent de répondre à ces questions-là. On y voit un peu plus clair maintenant. En gros, la conscience, du monde et de soi, ce serait un état d'activation suffisamment global du cerveau, une intégration synchronisée, de plusieurs niveaux divers et emboîtés de traitement de l'information dans des zones spécialisées, sous forme de rafales de messages nerveux qui parcourent des réseaux de neurones, chaque réseau fonctionnant comme une assemblée de processeurs, de structures calculantes dont le fonctionnement coordonné réaliserait toutes les propriétés cérébrales dont nous faisons usage. Je résume en trois lignes, mais pour s'en convaincre il faudrait quelques centaines de pages de protocoles, de mesures et de modèles, alors on en restera là.

Ce qu'il importe de connaître ici, pour ne pas devenir fou à voir ce que je vois, pour supporter la fonte du lavabo, le football chaotique à cinquante-deux, l'apparition des tatouages toujours à gauche sur la peau d'une femme que je croyais connaître, et l'apparition d'une foule de fantômes arpentant l'hôpital comme chez eux, c'est la notion d'inconscient cognitif développée par Naccache au début des années 2000. Cela désigne le travail cérébral nécessaire à percevoir un monde cohérent, travail considérable et parfaitement inconscient, qui recrée à partir de messages nerveux habilement agencés quelque chose que l'on appelle monde. On peut très bien vivre sans connaître cette cuisine, l'homme depuis qu'il est homme se débrouille bien sans, mais j'étais bien content de savoir ça avant que le monde ne se déglingue, moi dedans, parce que sinon j'aurais été vraiment un personnage de Philip K. Dick, plutôt que de m'en amuser. Pour mon équilibre psychique, c'était mieux, de savoir.

Tout comme l'inconscient freudien se manifeste à la conscience par ses ratés, des rêves, des lapsus, des calembours, à partir desquels on peut reconstituer son fonctionnement et son usage, qui sinon resteraient inconnaissables par principe, l'inconscient cognitif se manifeste à la conscience par ses dysfonctionnements, qui passent souvent à l'as puisqu'on les attribue à des imperfections des sens. Et il faut être méthodique et soupçonneux comme Descartes pour se douter de quelque chose, comme il le dit dès sa première méditation :

> « Tout ce que j'ai reçu jusqu'à présent pour le plus vrai et assuré, je l'ai appris des sens ou par les sens ; or j'ai quelques fois éprouvé que ces sens étaient trompeurs, et il est de la prudence de ne se fier jamais entièrement à ceux qui nous ont une fois trompés. »

Sinon, pour se prémunir contre les soupçons de complot contre soi ourdi par le réel, on peut améliorer notre conscience de ce qui est normalement inconnaissable en jouant avec des illusions d'optique. J'ai beaucoup aimé les illusions d'optique, je les ai collectionnées, je les ai classées, rangées, détectant leurs invariants, je les ai montrées en classe à des élèves ébahis, incrédules aussi parce que des fois ça allait trop loin, l'illusion, on n'arrivait pas à y croire.

Les illusions d'optique ne sont pas des erreurs ou des tromperies, ni même d'amusants jeux de société. Elles sont des fenêtres ouvertes sur les mécanismes cérébraux inconscients. C'est la seule façon, hors procédures expérimentales de laboratoire, que nous ayons de comprendre leurs réglages, leurs fonctions et leurs performances. Ce dont nous avons conscience, c'est du résultat de ces mécanismes, et ce résultat c'est le monde perçu, qui n'est pas si mal, plutôt cohérent et stable, alors on ne cherche pas plus loin.

EN 1998, PAUL RICŒUR, AVEC UN PEU DE HAUTEUR, ASSÉNAIT QUE ÇA NE CHANGEAIT RIEN D'AVOIR UN CERVEAU, EN TOUT CAS DE LE SAVOIR. Et maintenant en 2023, autres temps ? Qu'est-ce que ça change, d'avoir un cerveau, et de le savoir ?

Eh bien, avoir un cerveau et le savoir plutôt que d'en être ignorant, cela fait changer de point de vue sur la vie d'une façon vertigineuse. C'est comme d'avoir longtemps cru observer le monde penché à sa fenêtre, et de soudain réaliser qu'on le voit par un écran, connecté à une caméra, reliée à une régie vidéo sophistiquée où s'affaire une multitude de techniciens. Le monde qui nous entoure et dans lequel nous nous déplaçons, on ne le voit pas directement, mais par le truchement de ce gros kilo de matière molle, plein de tubes, de fils et de canaux, qui traite l'information qui lui parvient de façon complexe, d'après des réglages, des limites et des *a priori* que l'on ne maîtrise pas, et même dont on ignore l'existence.

Si regarder le monde c'était simplement nous pencher à la fenêtre de nos yeux, une rayure sur la vitre ne serait qu'une gêne localisée, vite oubliée. Mais si regarder le monde c'est le reconstituer à partir d'éléments abstraits, par le fonctionnement d'une machine dont nous ne connaissons pas les règles et dont nous n'avons pas conscience, alors quand l'un des processeurs semi-liquides de la machine vient à griller, cela a des conséquences inattendues et souvent de grande ampleur. Ce n'est pas simplement une tache dans le champ de vision, c'est une modification profonde, ou pas, de notre rapport au monde, donc du monde lui-même, le monde perçu et agi, une modification opérée selon la seule logique de la machine. Cela provoque l'apparition de fantômes, ou bien l'effacement d'une partie du monde sans même savoir qu'il est effacé, en croyant même que ça a toujours été comme ça.

Toute l'activité cérébrale, qu'elle soit consciente ou inconsciente, peu importe, n'est que traitement ou manipulation d'informations, en paquets plus ou moins importants, dont il résulte une conscience de soi, une vision du monde, et une position de soi dans le monde. Ce qui n'empêche pas le libre arbitre, qui est lui-même gestion, consciente ou inconsciente, peu importe encore une fois, de paquets d'information. La différence entre conscient et inconscient, si capitale pour nous, n'a ici guère d'importance, ces deux aspects de l'activité cérébrale étant aussi complexe l'un que l'autre, et tout aussi sous-tendus de règles et de mécanismes ignorés par ceci-qui-dit-je, celui qui pense penser, et donc pense être.

Les références littéraires dont je truffe mon texte, que je cite pour qu'elles me soient témoins de ce qui eut lieu, apparurent spontanément pour mettre en scène des émotions, des alertes, des protections. Mais ces références littéraires, qui passent pour la pointe ultime de la singularité humaine, marqueurs de culture et de goût personnel, ce sont aussi des paquets d'information, des patterns mémorisés, remodélisés et manipulés dans le cadre d'un vaste traitement de l'information cérébrale, dont l'enjeu est la survie, tant physique qu'émotionnelle, d'un organisme dans un moment de crise.

SAVOIR QUE L'ON A UN CERVEAU, QU'EST-CE QUE ÇA CHANGE ? Cela nous oblige à renoncer à cette confortable illusion de l'évidence de la perception, et à l'innocence de l'être-au-monde. On ne peut plus croire que les yeux sont des fenêtres aux vitrages propres, auxquelles le moi-pensant serait négligemment accoudé pour observer le spectacle du dehors. Le cerveau, c'est ce dont *dépend* notre pensée. Le terme est flou, c'est exprès, je reprends en l'inversant l'image de Bergson qui voyait le rapport entre corps et esprit comme celui du manteau qui pend à un clou fiché dans le mur. Ils sont tous les deux en interaction, le manteau tombant si on arrache le clou, et le manteau se trouant si le clou est trop pointu, sans que l'un et l'autre soient la même chose.

Ce dont dépend notre pensée, donc, est cet objet matériel intérieur, qu'on ne sent pas et que l'on ne voit jamais, que l'on emporte pourtant toujours avec soi, avec sa fragile consistance de flan, et que l'on ne peut jamais mettre au coffre pour le protéger, qui est pourtant tellement vulnérable au point qu'une griffure, une fissure (essayez donc d'emporter avec vous un flan sur un plateau, nuit et jour, et de le garder intact), la moindre atteinte à sa masse gélifiée transforme le monde, fait apparaître des fantômes réalistes, et empêche de se remplir un verre sans en mettre partout. La fragilité de la condition humaine prend encore une dimension supplémentaire quand on sait avoir un cerveau, ce puissant mais fragile supercalculateur.

Savoir que l'on a un cerveau, c'est avoir peur pour lui, mais aussi avoir confiance en ses prodigieuses capacités de résilience et de réparation, parce que jour et nuit il improvise et bricole, de façon à nous présenter un monde acceptable où il est possible de vivre. Il peut parfois errer un peu, mais c'est un fidèle, et il trouve toujours une solution. « Merci Bobby ! – Ouaf ! »

Et quand Descartes s'inquiétait des possibilités de l'esprit, capable seulement de donner des vérités arithmétiques et géométriques, « sciences qui ne traitent que de choses fort simples et fort générales, sans se mettre beaucoup en peine si elles sont dans la nature, ou si elles n'y sont pas, car soit que je veille ou que je dorme, deux et trois joints ensemble formeront toujours le nombre de cinq, et le carré n'aura jamais plus de quatre côtés ; et il ne semble pas possible que des vérités si apparentes puissent être soupçonnées d'aucune fausseté ou d'incertitude », tenant pour impossible que l'esprit produisent des vérités de « physique, d'astronomie, de médecine, et toutes les autres sciences qui dépendent de la considération des choses composées, qui sont fort douteuses et incertaines », eh bien le cerveau, notre organe, a lui évolué dans un contexte vivant, et est pour lors parfaitement adapté aux environnements complexes et mouvants. Il crée en permanence des régularités et des stabilités qui nous permettent de vivre, même parfois au prix, on l'a vu, de quelques incohérences. Mais de le savoir rassure, et permet de prendre ces nids de poule cognitifs qui nous secouent avec une certaine bonhomie. Savoir vaut toujours mieux que pas, sans doute, et un peu de neurologie n'est pas de trop pour le bagage utile de l'honnête homme du XXIe siècle. J'en témoigne.

Dettes

Jean-Pierre CHANGEUX, *L'homme neuronal*, Fayard, 1983

Jean-Pierre CHANGEUX, Paul RICŒUR, *La nature et la règle,* Odile Jacob, 1998

René DESCARTES, *Méditations métaphysiques*, 1641

Philip K. DICK, *Le Temps désarticulé* (1959), Calmann-Lévy, 1975

Philip K. DICK, *Le Maître du Haut Château* (1962), J'ai Lu, (1970) 2021.

James ELLROY, *American Death Trip*, Rivages, 2001

Lionel NACCACHE, *Le Nouvel Inconscient : Freud, Christophe Colomb des neurosciences*, Odile Jacob, 2006,

Lionel NACCACHE, *Le Cinéma intérieur : Projection privée au cœur de la conscience*, Odile Jacob, 2020

Cet ouvrage a été composé par IGS-CP
à L'Isle-d'Espagnac (Charente, France)